DESCRIPTION
ET
EXPLICATION

Des Globes qui sont placés dans les
Pavillons du Château de Marly.

Par Ordre de Sa Majesté'.

Par M. de la Hire, Professeur Royal
en Mathematique.

A PARIS, De l'Imprimerie de L. V. Thiboust, Place de Cambray.

M. DCC. IV.

DESCRIPTION
DES GLOBES
QUI SONT PLACÉS
AU
CHATEAU DE MARLY.

U commencement de l'année 1704. le Roy a fait poser dans les deux derniers Pavillons du Jardin de son Château de Marly, les Globes que Son Eminence Monseigneur le Cardinal d'Etrées avoit fait construire avec un tres-grand soin par le Pere Coronelli Venitien. Ces Globes ont chacun 12. piés de diametre, & par conse-

a ij

quent 37. piés 8. pouces ½ de circonference. Sᴀ Mᴀᴊᴇꜱᴛᴇ́ en a fait
faire les Méridiens & les Horizons
de Bronze , lesquels sont soûtenus
chacun par 8. colonnes de même
matiere , & les Méridiens sont portés
sur 2. piés de Bronze , qui sont enri-
chis de tous les ornemens qui y ont
du rapport.

Entre les quatre Consoles qui forment les piés des Méridiens , on a
mis sous chaque Globe une grande
Boussole enrichie de Marbre & de
Bronze. Ces Boussoles marquent la
déclinaison de l'aiguille aimantée ,
qui étoit au commencement de l'année 1704. de 9. degrés 6. minutes
du Septentrion vers le Couchant.

Tous ces Ouvrages ont été execu-
tés par les plus habiles Ouvriers de
ce tems , sous les ordres de Monsieur
Mansart Sur-Intendant des Bâti-
mens de Sᴀ Mᴀᴊᴇꜱᴛᴇ́.

On a placé sur le Globe Celeste

toutes les Etoiles fixes qui font vifi-
bles à la vûë fimple, & les Conftella-
tions qui les comprennent, fuivant
les anciens Aftronomes & les modernes, avec la route que quelques Cométes ont tenuë. On y voit auffi le
lieu de toutes les Planetes au tems de
la naiffance de LOUIS LE GRAND.

Toute la peinture de ce Globe eft
bleuë, & les Etoiles & les principaux
Cercles y font de bronze dorée &
en relief, pour leur donner plus
d'éclat.

Son Eminence a fait graver dans
un Cartouche fur une lame de cui-
vre doré, la Dédicace de ce Globe qu'il fait au R o y, en ces termes,

A L'AUGUSTE MAJESTE'
DE LOUIS LE GRAND,
L'INVINCIBLE, L'HEUREUX,
LE SAGE, LE CONQUERANT.

CESAR CARDINAL D'ETRE'ES

A CONSACRE' CE GLOBE CELESTE, OÙ TOUTES LES ETOILES DU FIRMAMENT ET LES PLANETES SONT PLACE'ES AU LIEU MESME OÙ ELLES ETOIENT A LA NAISSANCE DE CE GLORIEUX MONARQUE, AFIN DE CONSERVER A L'ETERNITE' UNE IMAGE FIXE DE CETTE HEUREUSE DISPOSITION, SOUS LAQUELLE LA FRANCE A RECEU LE PLUS GRAND PRESENT QUE LE CIEL AIT JAMAIS FAIT A LA TERRE.

M. DC. LXXXIII.

On voit encore sur ce Globe en quelques endroits, des Cadres, où il y a des remarques sur les nouvelles Constellations, & sur l'obliquité de l'Ecliptique.

On a ajoûté sur la Ligne Ecliptique une coulisse, qui porte l'image du Soleil, de la grandeur dont il paroît étant vû de la Terre ; en sorte qu'on peut le placer dans tous les endroits du Firmament où il est dans le cours d'une année : ce qui est tres-commode pour reconnoître son mouvement, & pour voir comme il s'approche & s'éloigne des Etoiles fixes qui se rencontrent dans son chemin.

Ce Soleil mobile servira aussi pour faire entendre facilement pourquoy le Soleil vient plus haut à Midy dans un temps que dans un autre, ce qui est la cause des differentes Saisons.

Pour le Globe Terreſtre, on en a peint toutes les Mers d'une couleur bleuë obſcure, & les Terres y ſont blanches pour faire paroître l'écriture plus diſtinctement.

Le Buſte du Roy eſt placé au-deſſus d'un Cartouche qui renferme la Dédicace ; la Victoire le couronne d'un côté, & la Renommée l'accompagne de l'autre. Les Sciences & les Arts ſont autour de ce Cartouche, avec des Trophées d'Armes qui en font les ornemens.

Cette dedicace eſt comme au Globe Celeſte, & dont voicy les termes,

A

A L'AUGUSTE MAJESTE'
DE LOUIS LE GRAND,
L'INVINCIBLE, L'HEUREUX,
LE SAGE, LE CONQUERANT.

CESAR CARDINAL D'ETRE'ES

A CONSACRE' CE GLOBE TERRES-
TRE POUR RENDRE UN CONTINUEL
HOMMAGE A SA GLOIRE ET A SES
HEROÏQUES VERTUS, EN MONTRANT
LES PAÏS OÙ MILLE GRANDES AC-
TIONS ONT ESTE' EXECUTE'ES ET
PAR LUY-MESME ET PAR SES OR-
DRES, A L'E'TONNEMENT DE TANT
DE NATIONS QU'IL AUROIT PÛ SOÛ-
METTRE A SON EMPIRE, SI SA MO-
DERATION N'EUST ARRESTE' LE
COURS DE SES CONQUE'TES, ET
PRESCRIT DES BORNES A SA VA-
LEUR, PLUS GRANDE ENCORE QUE
SA FORTUNE.

M. DC. LXXXIII.

Il y a encore en plusieurs endroits de ce Globe d'autres Cartouches décorés de figures & d'ornemens qui conviennent au sujet des Inscriptions qui y sont, comme sur les sources du Nil, sur la pêche des Perles, sur les diverses manieres de vivre de quelques Peuples, & sur la nature des Vents qui régnent en quelques endroits de la Mer.

Les Méridiens sont divisés en dégrés : mais l'Horizon du Globe Celeste porte les dégrés des douze Signes, & vis-à-vis des dégrés on a marqué les jours des Mois qui leur répondent ; en sorte que le premier point du Bélier, où commence l'Equinoxe du Printems, se trouve au milieu du 21ᵉ Mars, qui est le Midy de ce jour-là ; car les jours y commencent à minuit, comme on les compte ordinairement. Et sur l'Horizon du Globe Terrestre, on a ajoûté aux dégrés les 32. Vents qu'on met toûjours sur cet Horizon.

EXPLICATION

EXPLICATION
DU
GLOBE CELESTE.

E Globe Celeste représente toutes les Etoiles du Firmament dans la disposition & l'ordre où elles sont entr'elles. Elles sont distinguées par Constellations , qui ne sont qu'un amas d'Etoiles consideré sous une même figure , comme le Belier , le Taureau & les autres , ce qui donne une tres-grande facilité pour reconnoistre toutes les Etoiles par les noms qu'on a donnés à chacune dans leurs Constellations.

A

Hipparque a été le premier des Aſtronomes qui en a fait une diſtribution exacte, cent trente ans avant la Naiſſance de JESUS-CHRIST, & Ptolemée qui vint deux cens cinquante ans après Hipparque, nous a laiſſé le catalogue de toutes les Etoiles qui avoient été obſervées juſqu'alors, & que les Anciens avoient reduites en conſtellations. Hipparque s'étoit ſervi pour ſes obſervations de tres grands inſtrumens qu'il avoit fait conſtruire dans le portique de la Bibliotheque d'Alexandrie.

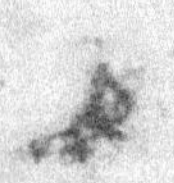

On trouve dans ce Catalogue le veritable lieu de toutes les étoiles du firmament, par rapport à des cercles qui ſont marqués ſur le Globe, & à deux points diametralement oppoſés qu'on appelle les Poles du monde. Ces points ou poles ſont les extremités de l'axe ou aiſſieu, ſur lequel tout le Globe ſemble tourner en 24. heures autour de la Terre avec tous les corps celestes, en allant d'Orient en Occident.

On distingue les Etoiles en deux classes, les unes sont appellées *Fixes*, parce qu'elles gardent toûjours une même disposition & arrangement les unes à l'égard des autres ; les autres sont appellées *Planetes* ou étoiles errantes, parce qu'elles changent continuellement de place, & qu'elles tiennent chacune des routes toutes differentes en passant par les étoiles fixes. Celles-cy ne sont point marquées sur les Globes, quoy que quelques-unes surpassent en lumiere les étoiles fixes les plus claires, parce qu'elles n'y ont point de place arrêtée.

On marque sur les Globes quelques cercles qui servent à placer toutes les étoiles fixes, & même le Soleil & la Lune & toutes les Planetes à chaque heure du jour ; & ces cercles font determinés dans le ciel, par rapport au mouvement de tous les corps celestes.

DES CERCLES DU GLOBE CELESTE.

IL y a sur le Globe quatre grands cercles qui le divisent chacun en deux parties égales. Le premier & le plus considerable de tous, est appellé *l'Equateur* ou *l'Equinoxial*, qui est partout également éloigné des deux Poles.

Le second est un grand cercle qui marque le chemin que le Soleil parcourt pendant une année entiere, ce cercle coupe obliquement l'Equateur, en sorte que dans un endroit il est plus proche d'un pole, & dans l'autre opposé il en est plus éloigné. On appelle ce cercle la *Ligne Ecliptique*, laquelle est au milieu du *Zodiaque* qu'on représente ordinairement sur les Spheres en forme d'une bande ou d'une ceinture. On luy a donné le nom de Ligne Ecliptique, parce que toutes les fois que la Lune se rencontre sur ce cercle ou fort proche, & qu'elle est nouvelle ou pleine, il arrive une Eclipse, c'est une eclipse de Soleil si la Lune est nouvelle, & de Lune si elle est pleine.

Il y a deux autres grands cercles qui sont représentés sur les Globes, quoy qu'ils ne soient pas d'un grand usage pour le mouvement des astres. Ils passent tous deux par les deux Poles, l'un est appellé le *Colure des Equinoxes*, à cause qu'il passe aussi par les points de rencontre du cercle Equinoxial & de l'Ecliptique, l'autre passe par les points où ces cercles sont les plus éloignés entr'eux, lesquels points sont appellés les *Solstices*, c'est-pourquoy ce cercle est appellé le *Colure des Solstices*.

Lorsque le Soleil en parcourant l'Ecliptique passe par l'Equinoxial ou l'Equateur, alors les jours sont égaux

aux nuits par toute la terre, & c'est-
pourquoy on a donné le nom d'Equinoxial ou d'Equateur à ce cercle, &
cette égalité de jour & de nuit doit
s'entendre de l'espace du temps que
le Soleil demeure sur l'horizon & sous
l'horizon, qui est de 12. heures : car
quoy-qu'on soit dans l'Equinoxe, le
jour dure bien plus de 12. heures, à
cause du *Crepuscule* qui est la clarté qui
paroît long-temps avant que le Soleil
se leve, & après qu'il est couché.

Il y a deux Equinoxes, l'un du Printemps & l'autre de l'Automne, qui
arrivent à six mois l'un de l'autre,
lors que le Soleil en parcourant l'é-
cliptique dans le cours d'une année,
rencontre l'équateur dans deux points
opposés.

Le milieu entre les équinoxes tant
vers le Septentrion que vers le Midy,
sont les points des Solstices, parce
que le Soleil étant vers ces points ne
s'approche ou ne s'éloigne plus sen-

siblement des Poles , & qu'il paroît comme immobile à leur égard. On a les plus longs jours d'Eté quand le Soleil est arrivé au Solstice d'Eté , & les plus courts jours d'Hiver quand il est au Solstice d'Hiver.

L'un des Poles s'appelle le Pole *Boreal* ou *Arctique* ou *Septentrional* ; & son opposé s'appelle le Pole *Austral*, ou *Antarctique* ou *Meridional*.

Le Pole Arctique prend son nom d'un mot grec qui signifie une Ourse, à cause que la constellation de l'Ourse en est proche ; & on l'appelle Septentrional , parce que vers ce Pole il y a sept étoiles fort claires qui forment une espece de chariot. Le nom de Boreal a été donné aussi à ce Pole, à cause que les Latins appelloient le vent Borée , celuy qui venoit de cette partie-là du ciel. C'est ce pole Septentrional qui est seulement visible en ces païs-cy.

L'autre Pole s'appelle Meridio-

nal , parce que le Soleil eſt toûjours
vers ce côté-là du ciel à Midy dans
tous ces païs-cy. Le nom d'Antarctique eſt comme qui diroit oppoſé à
l'Arctique ; enfin celuy d'Auſtral
vient de celuy du vent *Auſter*.

On marque encore ſur le Globe
quatre autres cercles, qui ſont paral-
leles à l'Equateur. Il y en a deux qui
paſſent par les points des Solſtices
d'un côté & d'autre de l'Equateur,&
on les appelle les *Tropiques*,parce qu'il
ſemble que le Soleil parcourre ces
deux cercles , lors qu'il eſt le plus
éloigné de l'Equateur, ou le plus élevé , ou le plus bas ſur nôtre horizon
à Midy.

Les deux autres cercles ſont aſſez
proche des Poles,& on les appelle les
cercles *Polaires*, l'un le *Polaire Arctique*,
& l'autre le *Polaire Antarctique*.

Ce ſont-là tous les cercles qui ſont
ordinairement marqués ſur le Globe,
cependant on y fait quelquefois des
diviſions

divisions qui y sont marquées par des
cercles, lesquelles peuvent servir pour
placer les étoiles & les planetes avec
plus d'exactitude.

Mais outre tous ces cercles il y en
a encore deux principaux, qui ont un
usage tres-considerable pour repré-
senter de quelle maniere le mouvement de tous ces corps celestes paroît de chaque lieu de la Terre.

Ces deux cercles servent à soûte-
nir le Globe dont il ne faut les imaginer éloignés, qu'autant qu'il est ne-
cessaire pour faire mouvoir ou tourner le Globe au dedans ; car on les
doit considerer côme s'ils touchoient
immediatement le Globe , l'un de ces
cercles s'appelle *l'Horizon* , & l'autre
le *Meridien.*

L'Horizon est le seul cercle qui nous
soit visible dans le ciel. Car c'est celuy qui separe la partie des astres qui
nous sont visibles d'avec celle qui ne
l'est pas. Son nom est tiré d'un mot

grec qui signifie *terminer* , car il borne
ou il termine l'étenduë de nôtre vûë
dans le ciel.

Ce cercle est également éloigné de
tous côtés de nôtre *Zenith* , qui est un
point élevé au-dessus de nôtre tête
jusques dans le firmament, & qui y est
marqué par la rencontre d'une ligne
menée du centre de la terre par nos
piés ou par quelque lieu de sa surface.
On voit de-là que chaque lieu de la
surface de la terre ayant son Zenit
particulier , doit aussi avoir son Horizon particulier.

Le Meridien est un cercle qui passe par les deux poles & par le Zenith
d'un lieu de la surface de la terre. Car
il faut toûjours s'imaginer que la terre est au milieu du Globe , & qu'elle
n'est que comme un tres petit point
par rapport à la surface du Globe.

Ces deux derniers cercles sont immobiles pour chaque lieu de la terre,
pendant que le Globe tournant sur

ſes poles , repreſente toutes les differentes poſitions des corps celeſtes &
leur mouvement , par rapport à ce
lieu , tant dans le cours d'une année,
que dans l'eſpace d'un jour.

Enfin il y a un petit cercle qui eſt
attaché ſur le Meridien & au dehors,
lequel on appelle cercle *Horaire* , qui
eſt diviſé en 24. heures , les heures répondent à l'extremité d'une aiguille,
qui eſt attachée & arrêtée immobile
à l'extremité de l'axe.

Tous les cercles ſe diviſent en 360.
parties égales entr'elles qu'on appelle *Degrés* , & chaque degré en 60. parties qu'on appelle *Minutes.*

Mais on diviſe encore la ligne écliptique en 12. parties égales qu'on appelle Signes , & par conſequent chaque ſigne a 30. degrés. On commence cette diviſion de ſignes ſur la ligne
écliptique à l'un des points où elle
rencontre l'équateur , & où elle commence à s'approcher du pole Septen-

trional. On compte ces signes en allant de l'Occident vers l'Orient, ce qu'on appelle *suivant l'ordre des signes.*

Le premier est le signe du Belier, & l'équinoxe du Printemps se fait quand le Soleil est au commencement de ce signe. Le deuxiéme celuy du Taureau, & le troisiéme celuy des Gemeaux, l'Ecrevisse commence au solstice où est le commencement de nôtre Eté, après suit le Lion & la Vierge. L'équinoxe d'Automne est au commencement du signe de la Balance, où le Soleil commence à passer vers le pole Meridional, comme dans les signes suivants qui sont le Scorpion & la Sagittaire. Mais au commencement du suivant qui est le Capricorne le Soleil est au plus bas dans le solstice d'Hiver, & enfin les deux derniers sont le Verseau & les Poissons.

Ces noms ont été donnés à ces signes, à cause des constellations qui

avoient ces noms, & qui occupoient
en partie tous ces signes, du temps
des anciens Astronomes : mais à present ces constellations se sont avan-
cées de prés d'un signe entier ; en sorte que les constellations ne sont plus
dans les signes de l'écliptique ou du
Zodiaque qui porte leurs noms, lesquels ils ont retenu.

USAGE DES CERCLES DU GLOBE.

IL y a un tres grand nombe d'u-
sages qu'on peut retirer des cercles du Globe ; mais nous n'en mar-
querons icy que les principaux, qui
font connoître le mouvement de tous
les astres ; & ce qu'on y remarque de
plus considerable, comme sont les
differentes saisons, les phases differentes de la Lune, les éclipses de Soleil & de Lune, les aspects des planetes, leurs stations, directions & re-
trogradations, avec quelques remarques sur le mouvement des cometes,

& fur celuy du Soleil, de la Lune, &
des planetes autour de leur axe particulier.

Le cercle *Equinoxial* ou *Equateur* divife le Globe, ou toute l'étenduë du
ciel, en deux parties égales entr'elles,
dont celle qui eft vers le Septentrion
s'appelle la Septentrionale, & celle
qui eft vers le Midy s'appelle la Meridionale.

Ce cercle fait voir le milieu de la
courfe annuelle du Soleil, & nous determine les équinoxes ; & c'eft fur ce
même cercle qu'on mefure le mouvement que le Soleil fait chaque jour,
& chaque partie du jour qu'on divife
en 24. heures, chaque heure fe divife en 60. parties qu'on appelle minutes d'heure ou minutes fimplement ;
& chaque minute en 60. fecondes, en
forte qu'il y a en un jour 1440. minutes, & 86400. fecondes. Ces fecondes font à peu près determinées par
les battemens du pouls d'un homme

qui eſt en bonne ſanté ; mais on en meſure la durée fort exactement en attachant une balle de plomb à un fil de trois piés, 8. lignes ½ de longueur, depuis le point de ſuſpenſion juſqu'au centre de la balle, en faiſant faire un mouvement à la balle, ſa ſuſpenſion demeurant immobile ; car chaque allée ou venuë de la balle determine la durée d'une ſeconde de temps.

Ce que je dis du Soleil, ſe doit entendre de même de la Lune, de toutes les Planetes & generalement de tous les Aſtres, en ſorte que l'Equateur montre ſi ces Aſtres ſont Septentrionaux ou Meridionaux.

Le mouvement de toute la machine celeſte eſt marqué par les degrés de l'équateur, & ce mouvement qu'on appelle du *premier mobile*, entraine generalement tous les corps celeſtes de la partie Orientale du ciel vers l'Occidentale. Ce mouvement eſt entierement oppoſé à celuy qui eſt propre à tous les corps celeftes, qui eft de l'Occident vers l'Orient ; mais comme ce mouvement propre eft fort lent en comparaifon de celuy du premier mobile, & qu'il eft different dans les differents aftres, on ne le reconnoft qu'en y faifant affez d'attention.

L'Ecliptique que l'on appelle auffi le Chemin Royal, eft un cercle que le Soleil parcourt de fon mouvement propre, pendant le cours d'une année entiere, en allant d'Occident vers l'Orient ; & comme ce cercle eft oblique à l'équateur, c'eft ce qui faitque le Soleil eft plus proche de l'un des poles dans une faifon, & plus proche de l'autre dans une autre. C'eft le temps que le Soleil employe à parcourir ce cercle qui nous determine l'année, laquelle eft de 365. jours, & un peu moins de 6. heures. C'eft pourquoy on aété obligé dans le Calendrier d'ajouter un jour à la fin de 4. années, pour faire que le Soleil fe

trouvât

trouvât au bout de 4. années, au même point du Ciel dans le même jour; car quatre fois six heures font un jour. Ce fut Jules César qui ordonna l'addition de ce jour aux années communes ou Egyptiennes de 365. jours. On appelle ce jour le *Bissexte*, & cette année la *Bissextile*, à cause que l'on comptoit cette année-là deux fois le sixiéme jour devant les Kalendes du mois de Mars, suivant la maniere des anciens Romains pour compter les jours du mois. Ce jour étoit le même que le 24e de Février de l'année commune. Mais comme on ne compte plus les jours des mois à la maniere des Romains, on donne seulement 29. jours au mois de Février de l'année Bissextile, lequel n'en a que 28. dans les années communes.

Mais comme le cours du Soleil ne s'acheve pas en 365. jours 6. heures exactement, mais un peu moins de 6. heures, on a ordonné dans le Ca-

lendrier Gregorien que l'on ôteroit
ou qu'on retrancheroit 3. Biſſextes
en 400. ans ; c'eſt pourquoy l'année
1700. qui devoit être Biſſextile , ſuivant la réformation de Jules Céſar ,
ne l'a point été , & le mois de Février
de cette année-là n'a été que de 28.
jours à l'ordinaire.

La Lune & toutes les autres Planetes , qui ſont Saturne , Jupiter,
Mars , Venus & Mercure ne s'écar-
tent que peu de la ligne Ecliptique
dans le chemin qu'ils font dans le ciel
par leur mouvement propre , & ils
coupent en deux endroits cette ligne
en parcourant tout le ciel dans des
tems ou periodes plus ou moins longues , à proportion qu'ils ſont plus ou
moins éloignés du Soleil. Comme Saturne qui eſt le plus éloigné de tous ,
fait ſa révolution entiere autour du
ciel en 29. ans & demy à peu près ,
Jupiter qui ſuit après fait ſa révolution en un peu moins de 12. ans ; &

Mars ensuite l'a fait en un an & plus de 11. mois. Venus fait la sienne en 224. jours & 18. heures ; & Mercure qui est le plus proche du Soleil acheve sa révolution en près de 88. jours. Le Soleil est comme le centre du mouvement de toutes ces Planetes.

Pour ce qui est de la Lune, elle fait le tour du ciel en 27. jours & près de 8. heures : mais comme on ne regarde le mouvement de la Lune que par rapport au Soleil, c'est-à-dire quand elle est nouvelle ou pleine, il lui faut encore quelques jours pour rejoindre le Soleil qui s'est avancé pendant ce tems ; c'est pourquoy d'une nouvelle Lune à une autre nouvelle Lune, elle employe 29. jours 12. heures & trois quarts à peu près. Ce mouvement de la Lune s'appelle *Synodique* ou de conjonction, & le premier *Periodique* ou de révolution.

Comme la Lune est fort proche de la Terre, on s'est attaché à examiner avec soin toutes les particularités de son mouvement. Les anciens Astronomes ont nommé le point où le chemin de la Lune coupe l'Ecliptique en s'élevant vers le Septentrion, la *Tête du Dragon*, & l'autre point opposé où elle passe vers la partie meridionale du ciel, la *Queuë du Dragon*. Dans toutes les autres Planetes où il y a de semblables points, on les nomme seulement les *Nœuds*, l'un *ascendant* quand la Planete s'éleve vers le pole Septentrional, & l'autre *descendant* quand elle passe vers le pole Meridional, l'un & l'autre par rapport à l'Ecliptique.

On divise les Signes de l'Ecliptique en Septentrionaux & en Meridionaux, & en *Ascendans & Descendans*. Les six Signes Septentrionaux sont le Bélier, le Taureau, les Gemeaux, l'Ecrevisse, le Lion & la Vierge, qui sont vers le Septentrion par rapport à l'Equateur ; & les six autres, à sçavoir la Balance, le Scorpion, le Sagittaire, le

Capricorne, le Verseau & les Poiſſons, qui ſont vers le Midy, ſont les Meridionaux.

Les Aſcendans ſont le Capricorne, le Verseau, les Poiſſons, le Bélier, le Taureau & les Gemeaux, dans leſquels le Soleil remonte du Solſtice d'Hiver au Solſtice d'Eté ; & les ſix autres, l'Ecreviſſe, le Lion, la Vierge, la Balance, le Scorpion & le Sagittaire, ſont les Deſcendans, où il deſcend du Solſtice d'Eté au Solſtice d'Hiver. Cette montée & cette deſcente n'eſt que par rapport à la plûpart des Peuples qui ſont dans la partie Septentrionale du Globe, où le Soleil monte toûjours de plus en plus à midy ſur l'Horizon, en allant du Solſtice d'Hiver à celui d'Eté, & au contraire pour la deſcente.

La Lune eſt le corps celeſte dans lequel on remarque plus ſenſiblement le mouvement propre d'Occident vers l'Orient, ou ſuivant l'ordre des Signes, pendant qu'elle ne laisse pas d'être emportée d'Orient vers l'Occident par le mouvement du premier mobile. Car comme elle fait en un jour par son mouvement propre ce que le Soleil ne fait qu'en 12. jours environ, on la peut voir à l'Occident d'une étoile vers le commencement de la nuit, & quelques heures après on voit qu'elle a passé à l'Orient de la même étoile. On la voit aussi assez souvent cacher des étoiles fixes en passant au-dessous, & ensuite les laisser paroître en s'en éloignant.

On méne un demi-cercle perpendiculaire à l'Ecliptique, & qui passe par le premier point du Bélier ; & c'est depuis ce cercle qu'on commence à compter la *Longitude* de tous les Astres en allant vers l'Orient, & elle se compte sur des cercles paralléles à l'Ecliptique.

Pour la *Latitude* des Astres, on commence à la compter à l'Ecliptique en allant vers le Septentrion & vers le Midy ; c'est pourquoy il y en a de Septentrionale & de Meridionale. On la compte sur des cercles qui sont tous perpendiculaires à l'Ecliptique , & qui passent tous par deux points sur le Globe , qu'on appelle les poles de l'Ecliptique ; & de ces poles jusqu'à l'Ecliptique, il y a par-tout un quart de cercle.

Le principal usage des Colures est de marquer les deux Equinoxes & les deux Solstices. On s'en sert aussi dans les Observations celestes , pour leur rapporter la position des Astres.

Les deux Tropiques renferment l'espace que le Soleil parcourt dans le tems d'une année ; leur usage principal est dans la Geographie & dans l'explication du Globe Terrestre, où nous en parlerons.

Les deux cercles Polaires sont aussi de même nature que les Tropiques.

L'Horizon est le terme d'où les

Aftres commencent à paroître ou à fe lever, & où ils fe couchent.

C'eft à ce cercle où l'on commence à compter la hauteur ou l'élévation des Aftres en allant vers le Zenith.

Si l'on imagine un cercle paralléle à l'Horizon, & qui foit au-deffous de 18. degrés, il fera le terme des crépufcules. Car lorfque le Soleil touchera ce cercle en montant ou en defcendant, on aura le commencement ou la fin du crépufcule. La durée du crépufcule n'eft pas égale dans tous les tems de l'année, ni dans tous les païs; elle eft généralement plus courte vers les Equinoxes que vers les Solftices, comme dans ce païs-ci aux Equinoxes elle n'eft que d'une heure & un peu plus de trois quarts, & au Solftice d'Eté le crépufcule dure toute la nuit; mais au Solftice d'Hiver il eft feulement de deux heures.

C'eft fur l'Horizon qu'on marque

les

les principaux points du Ciel, le Septentrion, le Midy, l'Orient & l'Occident, lesquels sont éloignés les uns
des autres de la quantité d'un quart
de cercle ; mais nous en traiterons
plus au long en parlant des Vents.

Le Méridien est le cercle dont on
fait plus d'usage dans l'Astronomie,
& pour la vie civile.

Ce cercle qui coupe perpendiculai-
rement l'Horizon, nous marque la
plus grande hauteur de tous les Astres ; car lorsqu'ils touchent le Méridien, ils sont au plus haut point d'é-
lévation sur l'Horizon ; & ils sont alors
au milieu de leur course visible sur
l'Horizon depuis leur lever jusqu'à
leur coucher.

On tire de la position des Astres
dans le Méridien des connoissances
tres-utiles pour la Navigation. Les
Astronomes ont divisé les jours en
Naturels & Artificiels. Ils appellent jour
naturel l'espace du tems que le Soleil

employe à revenir au cercle méridien
depuis qu'il en est parti le jour prece-
dent ; & le jour artificiel est le tems
que le Soleil demeure sur l'Horizon.

Le Méridien divise donc tous les
jours artificiels en deux parties égales entr'elles ; & c'est de là que ce cercle a tiré son nom. Il divise de même la durée de la nuit ; car le Soleil
est toûjours dans le Méridien à midy
& à minuit.

On sçait que les jours artificiels
sont inegaux pendant le cours d'une
année ; car à Paris en Eté le jour a
16. heures, en Hiver 8. heures seulement, & aux Equinoxes 12. par toute la Terre.

Mais aussi les jours naturels ne sont
pas égaux entr'eux ; ils sont plus longs
dans des tems, & dans d'autres plus
courts : ce qui est causé par l'inégalité du mouvement du Soleil, & par
l'obliquité de l'Ecliptique, par rapport au mouvement du premier mo-

bile qui fait en partie la durée des
jours. C'est pourquoy on est obligé
de tems en tems de remettre les horloges à Pendule sur le vray lieu du
Soleil, ou sur la vraye heure dont elles se sont écartées ; car le mouvement inégal du Soleil qui regle nos
heures & nos jours, s'éloigne peu à
peu du mouvement égal des Pendu-
les, quand elles sont bien faites &
bien justes.

La cause de l'inégalité des jours est
aussi celle de l'inégalité des Saisons ;
car elles devroient partager toute
l'année en quatre parties égales, &
être chacune de 91. jours 7. heures &
demie à peu près. Cependant l'Hiver est de 89. jours 2. heures & plus ;
le Printems de près de 93. jours ; l'E-
té de près de 93. jours 13. heures ; &
l'Automne de 89. jours 15. heures &
plus ; & par consequent le Printems
& l'Eté ensemble sont près de 8. jours
plus longs que l'Automne & l'Hi-

ver ensemble.

Les Astronomes commencent à compter le jour à midy, quand le Soleil est au Méridien sur l'Horizon : mais les François & quelques Peuples de l'Europe le commencent aussi au Méridien, mais sous l'Horizon, c'est-à-dire à minuit.

Les Italiens commencent le jour au Soleil couchant, c'est-à-dire lorsque le Soleil touche l'Horizon dans la partie Occidentale du ciel. Les Babyloniens le commençoient au contraire quand le Soleil se levoit, ou quand il touchoit l'Horizon dans sa partie Orientale.

Les anciens Romains & d'autres Peuples, comme les Juifs, divisoient la durée du jour artificiel, ou le tems que le Soleil demeuroit sur l'Horizon, en 12. parties égales, qui étoient les heures ; en sorte qu'en Eté les heures étoient fort longues, & en Hiver elles étoient fort courtes. Ils comptoient toûjours 6. heures à midy.

La maniere de compter les heures comme on fait en France, m'a fait conjecturer que les premiers hommes qui ont habité ces païs - cy, étoient de la famille de ceux qui s'étoient appliqués les premiers à contempler le cours des Astres, puisqu'ils avoient préferé les heures Astronomiques aux Babyloniennes qui étoient en usage, & qui paroissoient les plus naturelles.

Le petit cercle horaire qui est attaché au-dessus du Méridien, a plusieurs usages assez considerables. On mesure facilement par son moyen le tems que chaque Astre demeure sur l'Horizon d'un lieu, & combien il en employe à monter de l'Horizon jusqu'au Méridien, & à descendre ensuite jusqu'à l'Horizon. Il montre aussi les longueurs des jours artificiels de toute l'année, suivant les differentes saisons.

Par exemple, si l'on sçait le lieu du Soleil sur l'Ecliptique, & qu'on mette ce lieu sous le Méridien, & à même tems l'aiguille du cercle horaire sur 12. heures ; si l'on fait alors tourner le Globe vers le Couchant, jusqu'à ce que le lieu du Soleil soit dans l'Horizon, l'aiguille du cercle horaire marquera l'heure où le Soleil se couche ; & comme il employe autant de tems à monter de l'Horizon jusqu'au Méridien, qu'à descendre du Méridien jusqu'à l'Horizon, si l'on double le tems trouvé, on aura tout le tems entier que le Soleil demeure sur l'Horizon.

Mais si l'on met un Astre dans l'Horizon vers l'Orient, & l'aiguille sur 12. heures, & qu'on fasse mouvoir le Globe vers l'Occident, jusqu'à ce que l'Astre soit arrivé à l'Horizon, alors l'aiguille marquera le nombre des heures pendant lesquelles l'Astre paroît sur l'Horizon.

On doit remarquer que l'aiguille du cercle horaire parcourt toûjours autant de degrés de son cercle, qu'il en passe de l'Equateur sous le Méridien dans le mouvement du Globe.

DES ETOILES FIXES.

ON comptoit anciennement 60. Constellations qui renfermoient presque toutes les Etoiles fixes ; car il y en avoit quelques-unes qui n'avoient pû entrer dans les figures de ces Constellations, & on les nommoit pour cela *informes* ; mais les Astronomes modernes en ont fait de nouvelles Constellations.

On trouve dans les Globes ordinaires plus de 2000. Etoiles, qui sont celles qu'on peut voir facilement à la vûë simple dans un tems serein. Mais par le moyen des Lunettes d'approche on en voit une si grande quantité, qu'il seroit impossible de les compter. La Poussiniere, qu'on ap-

pelle autrement les Pleïades , ne paroiſſent à la vûë que 6. petites Etoiles jointes enſemble ; & cependant
quand on les regarde avec une Lunette de 5. ou 6. piés de longueur ,
on en voit tres-diſtinctement plus de
70. Toute la Voye Lactée , ou cette
trace claire qui environne tout le
ciel & pluſieurs petits nuages blancs
qu'on nomme *Etoiles nebuleuſes* , ne ſont
que des amas d'une infinité d'Etoiles
de differentes grandeurs , & dans des
diſpoſitions differentes , comme celles qui nous paroiſſent les plus claires.
On y remarque auſſi quelques Cométes perpetuelles , c'eſt-à-dire des
Etoiles qui ont une lumiere qui les
environne.

Nous avons déja dit qu'il y avoit
12. Conſtellations dans le Zodiaque,
ou autour de la ligne Ecliptique, qui
ſont le Bélier , le Taureau , les Gemeaux , l'Ecreviſſe , le Lion , la Vierge , la Balance , le Scorpion , le Sagittaire ,

gittaire, le Capricorne, le Verſeau, & les Poiſſons. On en mettoit 21. depuis l'Ecliptique vers le Pole Septentrional, qui ſont la petite Ourſe, la grand' Ourſe, le gardien de l'Ourſe, le Dragon, la Couronne d'Arianne, Hercule, la Lyre, le Cygne, Cephée, Caſſiopée, Perſée, Andromede, le Triangle, le Cocher, le Pégaſe, le petit Cheval, le Dauphin, la Fléche, l'Aigle, le Serpentaire, & le Serpent. Et vers le Pole Meridional, on en a mis 28. qui ſont le Monſtre marin ou la Baleine, l'Eridan, le Liévre, l'Orion, la Colombe, le grand Chien, le petit Chien, le Vaiſſeau des Argonautes, l'Hydre, la Coupe, le Corbeau, le Centaure, le Loup, l'Autel, la Couronne, le Poiſſon, le Phœnix, la Gruë, l'Indien, le Poiſſon volant, le Paon, l'Oiſeau de Paradis, la Dorade, l'Hydre, le Toucan, le Triangle, la Mouche, & le Chameleon.

E

Les Aſtronomes modernes ont fait de nouvelles Conſtellations des Etoiles qui étoient reſtées entre les premieres, ſans avoir pû entrer dans leurs figures, comme la Fleur-de-lys que nous avons miſe entre le Bélier & Perſée.

C'étoit une choſe tout-à-fait arbitraire de faire les Conſtellations comme nous venons de les rapporter, & de leur donner les noms qu'elles ont; car l'uſage même en a introduit de nouveaux dont on ſe ſert quelquefois, comme le Chariot au lieu de la grande Ourſe, la Pouſſiniere au lieu des Pleïades, les trois Rois au lieu de la Ceinture d'Orion, & de pluſieurs autres: & c'étoit dans cette vûë qu'un célébre Aſtronome Allemand a fait une tres-belle deſcription des Etoiles, qu'il a intitulée le *Ciel Chrétien*, où il a mis des figures des Saints, comme les douze Apôtres à la place des douze Signes du Zodiaque, l'Arche de Noé à la place du Navire des Argonautes ; & ainsi des autres.

Mais ce n'est pas le seul hazard qui a fait les Constellations, & qui leur a donné les noms qu'on leur donne encore à present. Les anciens Astronomes qui ont voulu immortaliser leurs Princes & leurs actions, se sont imaginé qu'ils ne le pouvoient faire avec plus d'éclat, ny d'une maniere plus durable, que d'en écrire (si l'on peut dire) l'histoire sur les Etoiles du Firmament. Ils ont tâché dans cette vûë de trouver quelque rapport entre la disposition de quelques Etoiles & entre leur nombre qui convînt à quelque figure, comme les deux Etoiles des cornes du Bélier pour figurer Jupiter sous la forme d'un Bélier; celle de la tête du Taureau pour répresenter le même Jupiter sous la forme d'un Taureau pour ravir Europe, puis en Aigle pour enlever Ganimede. La Fable de Calisto leur a

fourni la Conſtellation de l'Ourſe ,
Apollon & Hercule , ou Caſtor &
Pollux , ſous le nom des Gemeaux ,
Cerés ſous celui de la Vierge , & les
autres. D'autres y ont placé toute
la famille entiere d'un Roy d'Ethio-
pie nommé Céphée , qui aimoit l'A-
ſtronomie ; ſa femme Caſſiopée , leur
fille Andromede expoſée ſur un ro-
cher pour être dévorée par un Monſtre marin par la jalouſie des Nym-
phes de la mer , ſa délivrance par
Perſée ; la Chévre mere-nourrice
de Jupiter , la Lyre d'Apollon , le
fameux chaſſeur Orion avec ſon
chien , le Vaiſſeau des Argonautes
pour la conquête de la Toiſon d'or,
& les autres.

Toutes les Etoiles en général ne
demeurent pas dans la même place ,
par rapport aux Poles du Ciel ; car
elles ont un mouvement propre &
particulier comme tous les corps celeſtes de l'Occident vers l'Orient ,

outre le mouvement du premier mobile qui les emporte tous les jours
autour de la terre. Ce mouvement
propre des Etoiles fixes qui se fait suivant la ligne Ecliptique , ou sur ses
Poles , doit faire un tour entier seulement en 25500. ans : ce qu'on connoît tres-certainement par la com-
paraison des anciennes observations
avec les nôtres.

DU SYSTEME DE COPERNIC.

COPERNIC ayant renouvellé un
des anciens Systemes du Monde , pose le Soleil immobile au centre de l'Univers. Quelques Philoso-
phes modernes supposent que toutes
les Etoiles ont un tourbillon d'une
certaine matiere qui tourne autour
d'elles , & qui emporte tous les corps
qui peuvent être plongés dans cette
matiere ; & ils considerent le Soleil
comme une Etoile.

Si dans le Systeme des Tourbillons,

ce qui ne répugne point au Systéme
de Copernic, nous supposons que la
Terre soit une des Planetes du Tourbillon du Soleil, on aura bien plus de
facilité pour expliquer le mouvement
de tous les corps célestes, & de tous
les accidens qui leur arrivent par les
differentes positions où ils se trou-
vent les uns à l'égard des autres, que
dans le Systéme ordinaire de Ptolemée, qui pose la Terre immobile au
centre : mais aussi pour ce qui regarde seulement le Soleil & la Terre avec
la Lune, le Systéme de Ptolemée en
donne une idée bien plus nette que
celui de Copernic.

Il y a autour de quelques Planetes
d'autres Planetes qu'on appelle *Planetes Secondes*, & qu'on peut considerer
comme des Lunes par rapport à celle
qui tourne autour de la Terre. Saturne en a cinq ; & outre ces Lunes, il y
a encore un grand anneau plat & fort
mince qui environne toute la Plane-

te qui est sphérique, & cet anneau est éloigné du corps de la Planete, d'une distance assez considerable. Ces Planetes Secondes, ou ces Lunes de Saturne, font leurs révolutions en differens tems ; mais on ne les peut voir qu'avec d'assez grandes Lunettes. Ces Lunes de Saturne ont été découvertes par les Astronomes de l'Académie Royale des Sciences, & elles ont été consacrées à la mémoire de LOUIS LE GRAND par une Médaille qui en a été frappée.

Jupiter a quatre Lunes qu'on a appellées *Satellites*, lesquelles font leurs révolutions en des tems differens les unes des autres. On remarque aussi sur le corps sphérique de cette Planete des bandes d'une couleur grise, & quelques taches de la même couleur, qui font connoître que cette Planete tourne autour de son axe d'un mouvement particulier en 10. heures ou environ.

On n'a point remarqué de Lune autour de Mars ; mais il y a sur son corps quelques taches qui nous font voir qu'il tourne autour de lui-même sur son axe dans l'espace de 24. heures à peu près.

Pour la Terre , si on la considere comme une Planete , elle n'a qu'une seule Lune , qui nous paroît fort grande , à cause qu'elle est fort proche de nous.

La Planete de Venus a quelques taches sur son corps sphérique ; mais ce qui est de plus remarquable , c'est qu'on la peut voir presque toûjours , & même à la vûë simple & en plein midy , quoi-qu'elle soit quelquefois tres-proche du Soleil. On la voit avec les mêmes phases que la Lune , tantôt pleine , tantôt en quartier , puis en croissant ; & quelquefois aussi on peut la comparer à la Lune , en la considerant avec des Lunettes d'approche , par le moyen desquelles elle

paroît

paroît beaucoup plus grande que la Lune à la vûë simple.

Mercure ne s'éloigne que peu du Soleil ; & quoi-qu'il lui arrive la même chose qu'à Venus, il n'est pas aisé d'en faire des observations exactes, à cause de sa grande clarté, & de la petitesse de son corps.

On voit ces deux dernieres Planetes Venus & Mercure qui passent quelquefois au-devant du corps du Soleil à nôtre égard, & elles paroissent sur le Soleil comme de petites taches noires qui traversent son disque apparent en peu d'heures ; mais ces accidens sont fort rares.

Toutes les Planetes sont de figure sphérique, & ne sont éclairées que du Soleil : mais comme il n'en peut éclairer que la moitié, il arrive que cette partie éclairée étant tournée en differentes manieres vers la terre dans les deux Planetes de Venus & de Mercure, elles paroissent tantôt tout-

E

à-fait éclairées, tantôt à moitié, &
tantôt en Croiſſant tres-délié, comme nous le remarquons à la Lune.

Pour le Soleil, on voit aſſez ſouvent
ſur ſa partie lumineuſe des taches noires de differentes figures, & par pe-
lotons & amas, avec quelques petits
nuages & des eſpaces plus clairs que
le reſte du Soleil ; ces taches changent continuellement de forme, &
ne durent pour l'ordinaire qu'un mois
ou deux. On connoît par les obſervations que ces corps obſcurs ſont ſur
le corps lumineux du Soleil, & que le
Soleil tourne ſur ſon axe dans l'eſpace de 27. jours & demi à peu près.

Il eſt tres-facile dans le Syſtéme de
Copernic de rendre raiſon des Stations, Directions & Rétrogradations
des Planetes, qui ne ſont que des apparences cauſées par le mouvement
propre de la Terre ; car les Planetes
vont toûjours de leur propre mouvement ſelon l'ordre des Signes ; &

la Terre qui va auſſi du même côté,
mais d'une differente vîteſſe, fait
qu'on les voit tantôt comme immobiles, tantôt aller fort vîte ſelon leur
direction naturelle, & tantôt d'un
mouvement contraire qu'on appelle
rétrograde.

Pour les diſtances de tous les Aſtres,
les Etoiles fixes ſont infiniment plus
éloignées de la Terre que le Soleil,
& il n'y a nulle comparaiſon entre la
groſſeur de toute la Terre & la diſtance où elle eſt du Soleil. Pour la
Lune, on peut dire qu'elle eſt tres-
proche de la Terre par rapport au
Soleil, quoi qu'on ſçache aſſez bien
qu'elle en eſt éloignée de plus de qua-
tre-vingts mille lieuës.

DES ECLIPSES.

IL n'y a point de Phénomene dans
la nature qui ait plus attiré l'admiration des premiers hommes, que
les Eclipſes de Soleil & de Lune. Ils

voyoient tous les jours le Soleil aller
d'un mouvement reglé , & la Lune
paſſer chaque mois par toutes ſes
phaſes differentes ; mais ils ne pouvoient encore appercevoir pourquoy
dans un tems fort ſerein le Soleil per-
doit quelquefois plus ou moins de ſa
lumiere , & que la Lune ſouffroit auſſi les mêmes accidens étant pleine ,
& même quelquefois ſe cachoit entierement , ou ne paroiſſoit plus en-
ſuite que d'une couleur rouge & ſom-
bre. L'inégalité du retour des Eclipſes tant de Soleil que de Lune , &
leurs grandeurs differentes, renouvel-
loient à chaque fois leur étonnement.

Mais ſi ces accidens de ces corps lumineux ne nous cauſent à preſent aucune ſurpriſe , parce que nous avons
découvert que ce ne ſont que des ſui-
tes tres - naturelles de leurs mouvemens , nous ne devons pas être
touchés d'une moindre admiration
quand nous conſiderons que les hom-

mes ont mesuré avec tant de justesse
les mouvemens de ces corps, qu'ils
ne manquent jamais de prédire exactement le tems que les Eclipses doivent arriver avec leur grandeur ; &
ils font ces prédictions non-seule-
ment pour les siécles à venir, mais ils
réprésentent aussi celles qui sont pas-
sées en remontant jusqu'au commencement du Monde.

C'est principalement sur les Eclipses que toute la certitude de la Chro-
nologie ou de l'histoire des tems, est
établie ; car les differentes manieres
de compter les années, les saisons &
les Epoques differentes de la plûpart
des Nations, laissent tres-souvent
une ambiguité dans l'histoire, laquelle ne peut être éclaircie que par
une Eclipse arrivée dans ce tems-là,
dont on aura marqué quelque circon-
stance ; & l'on remonte exactement
au jour où le fait historique sera arrivé, en le déterminant par rapport à

nôtre maniere de compter les années, par le moyen du calcul des Eclipſes.

Si l'on tire de grandes utilités de la perfection de l'Aſtronomie, on en eſt entierement redevable à l'établiſſe-ment que le R o y a bien voulu faire de l'Académie des Sciences, & au ſu-perbe Bâtiment de l'Obſervatoire, d'où l'on entretient une correſpon-dance d'obſervations tant avec les Aſtronomes que Sa Majeſté a envoyés par toute la Terre, qu'avec les Etran-gers.

Ce n'eſt pas une ſimple curioſité qui a engagé les premiers hommes à s'appliquer aux obſervations céleſ-tes : car auſſi-tôt qu'ils eurent entre-pris de faire des voyages ſur mer, & qu'ils ſe furent hazardés de perdre la terre de vûë pendant pluſieurs jours, ils reconnurent qu'il falloit avoir re-cours aux Aſtres pour ſe conduire, & qu'ils ſeroient d'autant plus aſſeurés de leur route, qu'ils auroient une

connoissance plus juste du mouvement du Soleil & des Etoiles.

Ce n'étoit pas une connoissance
qui fût seulement nécessaire pour la
conduite des Vaisseaux sur mer, il
falloit encore avoir une exacte position des côtes & des lieux où l'on vou-
loit aller ; ce qui n'étoit pas possible
non plus sans le secours de l'Astronomie : & c'est seulement par le moyen
des Eclipses qu'on peut avoir une des-
cription exacte de tout le Globe Terrestre ; car l'estime des Voyageurs &
des Pilotes est trop incertaine, & sur-
tout dans de grandes distances, pour
y faire quelque fondement.

Il y a de deux sortes d'Eclipses, les
unes de Lune, & les autres de Soleil.
Les Eclipses de Lune sont causées
par l'ombre de la Terre ; car toutes
les fois que la Lune est pleine ou opposée au Soleil, quand elle se trouve
dans l'ombre de la Terre, elle perd
sa lumiere qu'elle ne tire que du So-

leil, ou tout-à-fait, ou en partie,
suivant qu'elle entre plus ou moins
dans l'ombre. On divise tout le diametre de la Lune en 12. parties qu'on
appelle *Doits*, & l'on mesure avec ces
doits la quantité de l'Eclipse, c'est-
à-dire de quelle quantité la Lune est
enfoncée dans l'ombre.

Outre ces doits éclipsés, il y a deux
autres points principaux que l'on ob-
serve ordinairement dans les Eclipses
de Lune, parce qu'ils sont plus sensi-
bles que les autres ; ce sont l'*Immersion* totale de la Lune dans l'ombre de
la Terre, qui est le moment où elle
perd toute sa lumiere ; & l'*Emersion*,
qui est le moment où elle commence
à sortir de l'ombre.

Les Satellites, ou les Lunes de Jupiter, souffrent de semblables Eclipses que nôtre Lune, en rencontrant
l'ombre du corps de Jupiter : mais
parce que ces Satellites ne nous paroissent que comme de mediocres
Etoiles,

les , en les regardant même avec de grandes Lunettes d'approche , nous ne pouvons en remarquer bien diſtinctement que l'Immerſion & l'Emerſion.

Mais comme entre les quatre Satellites de Jupiter , celui qui en eſt le plus proche qu'on appelle le premier, tourne autour de Jupiter en un jour & trois quarts , & que la Lune ne tourne autour de la Terre qu'en un mois , on peut juger tres-exactement du tems de cette Immerſion ou Emerſion , à cauſe qu'elle ſe fait plus ſubitement que celle de la Lune.

Les Eclipſes de Soleil ſe font dans la nouvelle Lune , lorſque la Lune paſſe entre la Terre & le Soleil , & qu'elle nous en cache une partie ; on meſure auſſi la grandeur des Eclipſes de Soleil par les doits du diametre du Soleil.

Il y a cette difference entre les Eclipſes de Lune & celles de Soleil , que celles-ci dépendent des differens lieux de la Terre d'où l'on voit l'Eclipse : car comme la Lune est fort proche de la Terre, & fort éloignée du Soleil, elle peut cacher une partie du Soleil à ceux qui seront en un lieu de la Terre, & elle ne le cachera point à ceux qui seront en un autre endroit. Il n'en est pas de même des Eclipses de Lune ; car comme c'est une privation de lumiere qui arrive au corps même de la Lune, elle paroît éclipsée de la même quantité & de la même maniere de tous les lieux de la Terre d'où on la peut voir.

Il doit arriver assez souvent que le Soleil paroît entierement caché par le corps de la Lune, ou qu'on ne voit qu'un cercle lumineux autour du Soleil : mais comme c'est un accident qui ne paroît qu'en quelques endroits de la Terre, & qui ne dure que tres-peu de tems, il est tres-rare qu'on en fasse des observations.

DE L'UTILITE' DES ECLIPSES
pour mesurer la distance des lieux sur la Terre.

SI l'on compte les heures depuis que le Soleil passe par le Méridien, soit sur l'Horizon ou sous l'Horizon, il est certain que ceux qui auront differens Méridiens compteront plus ou moins d'heures dans un même instant. Car le Soleil vient au Méridien des lieux qui sont plus Orientaux, plûtôt qu'au Méridien de ceux qui sont plus Occidentaux, comme le Soleil vient au Méridien à Pekin capitale de la Chine, plûtôt qu'à Paris de 7. heures 38. minutes ; en sorte que, par exemple, lorsqu'il est 3. heures après midy à Pekin, il n'est encore que 7. heures 22. minutes du matin à Paris. De même à Kebec en Canada qui est plus Occidental que Paris, le Soleil n'y vient au Méridien que 4. heures 50. minutes, après qu'il a été au Méridien de Paris ; ainsi il

sera à Paris 2. heures 30. minutes,
lorsqu'il n'est encore à Kebec que 9.
heures 40. minutes du matin.

Mais chacun réglant ses horloges
sur le mouvement du Soleil, par rapport à son propre Méridien, il ne fau-
droit que sçavoir l'heure qu'il est en
des lieux differens dans un même instant, pour déterminer la difference
ou l'éloignement de ces lieux l'un à
l'égard de l'autre, suivant le mouvement du premier mobile.

C'est cette connoissance qu'on tire de l'observation des Eclipses. Car
si deux Observateurs dans des lieux
differens ont observé quelque point
ou phase d'une Eclipse de Lune, ou
des Satellites de Jupiter, comme le
commencement, ou l'Immersion totale dans l'ombre, ou quelqu'autre,
ce qui est comme un signal qui se fait
dans le Ciel ; & que l'un de ces Observateurs ait trouvé qu'il étoit alors
11. heures du soir d'un certain jour,

mais que l'autre ait trouvé qu'il étoit 2. heures du matin du jour suivant ; on conclura que dans les lieux où étoient ces Observateurs on compte 3. heures de difference , & que le Soleil passe au Méridien de celui qui a compté plus de tems , 3. heures plûtôt qu'au Méridien de celui qui a compté moins de tems.

Mais comme le Soleil est emporté par le premier mobile autour de la Terre en 24. heures, il doit parcourir 15. degrés dans chaque heure ; & par conséquent les 3. heures de difference des lieux dont nous parlons , répondent à 45. degrés de difference entre l'un & l'autre. Mais cette distance est celle qu'on appelle de *Longitude* , comme on le verra en expliquant le Globe Terrestre.

DES COMETES.

IL y a de deux sortes de Cométes ; les unes paroissent comme des

Etoiles fort brillantes , & ne changent point de place entre les Etoiles
fixes où elles ont parû d'abord , &
dans la suite elles diminuent peu-à-
peu , & enfin elles se dissipent entierement ; mais on n'a jamais observé
que tres-peu de ces sortes de Cométes. Les autres paroissent tantôt avec
une lumiere qui les environne , &
c'est ce qui les a fait appeller Cométes , comme qui diroit *Cheveluës* , &
tantôt avec un rayon lumineux qu'on
appelle *Queuë*. On en voit quelquefois de tres-grandes , & celles-là sont
assez rares. Mais depuis qu'on s'ap-
plique avec soin à considerer les Astres , on en découvre fort souvent de
petites , qui ne laissent pas , quoi que
petites , d'être entierement semblables aux plus grandes.

On marque ordinairement les Cométes sur les Globes Celestes , avec le
chemin qu'elles ont fait sur les Etoiles
fixes dans le tems qu'elles ont parû.

On appelle la *Tête* de la Cométe une Etoile nebuleuse, d'où sort la lumiere qui les accompagne ou tout autour, ou d'un seul côté.

Elles ont pour l'ordinaire un mouvement particulier qu'on remarque sur les Etoiles fixes, qui est dans quelques-unes plus promt, & dans d'autres plus lent ; mais il devient toûjours plus lent à mesure que la Cométe diminuë de grandeur. Ce mouvement leur est propre ; car elles ne laissent pas d'être emportées d'Orient en Occident tous les jours par le premier mobile.

Leur mouvement propre se fait par des lignes qui paroissent tantôt droites, tantôt courbes, ou en partie droites & courbes, & elles ont la plûpart des routes fort differentes.

Toutes les observations qu'on a faites des Cométes font connoître qu'elles sont fort élevées, & c'est en quoy on les distingue de ces Meteores de feu qui paroissent quelquefois dans la basse région de l'air.

Il y a beaucoup d'apparence que la grande lumiere qui accompagne les Cométes , & qu'on appelle chevelure ou queuë, dépend , ou a beaucoup de rapport au Soleil ; car cette lumiere s'étend toûjours à l'opposite du Soleil : & quand la Cométe est opposée directement au Soleil , alors la lumiere est autour de la tête.

EXPLICATION

EXPLICATION
DU
GLOBE TERRESTRE.

L étoit à propos de commencer l'Explication des Globes par le Celeste, à cause que celle du Terreſtre en dépend preſqu'entierement ; les Cercles & les Poles qui ſont ſur ce Globe étant les mêmes que ceux du Celeſte, & ſon uſage étant aſſez facile après qu'on a bien entendu celui du Celeſte.

On remarquera que quoi-que ce Globe Terreſtre ait un mouvement ſur ſon axe, ce n'eſt pas qu'on veuille aſſeurer que la Terre tourne ; mais c'eſt ſeulement pour la poſer dans

H

toutes ſes ſituations differentes , par rapport à l'Horizon & au Méridien qui ſont ici immobiles , & qui doivent ſervir pour chaque lieu en particulier.

DES CERCLES ET DES POLES
du Globe Terreſtre.

LE Globe Terreſtre repréſente la Terre comme elle eſt , laquelle eſt ſoûtenuë au milieu de l'air , dont elle eſt environnée de tous côtés. Cet air qui environne la Terre , & qui n'a de hauteur que 10. lieuës à peu près , s'appelle l'*Atmoſphere.*

On connoît que la Terre eſt ſphérique par toutes les obſervations qu'on a faites en differens endroits de ſa ſuperficie , mais plus ſenſiblement par l'ombre qu'elle fait ſur le corps de la Lune dans les Eclipſes.

On marque ſur ce Globe un axe & pluſieurs Cercles ſemblables à ceux qui ſont marqués ſur le Globe Cele-

ſte , leſquels font connoître les varie-
tés des jours & des ſaiſons pour les
differens lieux de la Terre , ſuivant
qu'ils ſont placés par rapport à ces
Cercles.

Les Cercles & les Poles du Globe
Terreſtre ſont immediatement au-
deſſous de ceux qui ſont ſur le Globe
Celeſte , ou qu'on imagine dans le
Firmament ; en ſorte que ſi l'on étoit
au centre du Globe Terreſtre , les
Cercles de ce Globe cacheroient ceux
du Globe Celeſte , & ce ſeroit la même choſe des Poles.

C'eſt-pourquoy les Cercles du Globe Terreſtre ont été nommés des mêmes noms que ceux du Globe Celeſte
qui leur répondent , & les Poles auſſi
de même , dont l'un s'applle le Septentrional , & l'autre le Méridional.

Le principal de tous les Cercles du
Globe Terreſtre eſt l'*Equateur* ou l'*E-
quinoxial* , qu'on appelle ordinairement ſur mer *la Ligne.*

On marque des deux côtés de l'E-
quateur des Cercles qui lui sont paralléles , & qui montent jusqu'aux
deux Poles. Les Tropiques sont deux
de ces Cercles , lesquels sont chacun
éloignés de l'Equateur de 23. degrés
& 29. minutes. Les deux Polaires en
sont aussi , & sont éloignés des Poles
de la même quantité de degrés & minutes.

On marque aussi entre les deux
Tropiques la ligne Ecliptique qui y
est placée de biais.

On trace enfin sur ce Globe plusieurs Cercles qui passent par les deux
Poles , & qui coupent l'Equateur à
angles droits ; on les appelle des
Méridiens ou *Cercles Horaires*. On en
marque ordinairement 18. entiers sur
tout le Globe , ou bien 36. demi ; &
alors ils passent de 10. en 10. degrés
sur l'Equateur , car on les met rare-
ment de 5. en 5. degrés pour éviter
la confusion : mais il faut imaginer

qu'il y en a par tous les degrés & minutes, & même par tous les points
de l'Equateur, pour les ufages dont
on parlera dans la fuite.

Entre tous ces Méridiens il y en a
un qu'on regarde comme le premier
de tous, & qui fert pour déterminer
la pofition de tous les lieux de la
Terre. Ce demi-cercle ou *premier
Méridien*, fuivant les anciens Geo-
graphes, paffoit par Cadis, comme
la terre la plus éloignée vers le Couchant ; on l'a placé enfuite aux Aço-
res : mais enfin le Roy Louis le
Juste ordonna en 1634. qu'on pren-
droit pour premier Méridien celui
qui paffe par le milieu de la petite
Ifle de Fer, qui eft la plus Occidentale des Canaries.

On met auffi au Globe Terreftre
un Méridien extérieur, & un Horizon, comme au Globe Celefte. Le
Méridien doit toûjours être confide-
ré par rapport à un lieu particulier

de la Terre , qui doit être placé fous
ce Méridien , & l'Horizon doit être
auffi placé par rapport à ce même
lieu ; en forte qu'il foit éloigné de ce
lieu de tous côtés de 90. degrés , ou
d'un quart de Cercle.

Ces deux Cercles fervent à foûte-
nir le Globe dans quelle pofition l'on
veut à l'égard des Poles , & pour en
tirer les ufages que nous verrons dans
la fuite.

Il y a enfin fur l'extérieur du Méridien un petit Cercle qu'on appelle
Horaire , comme au Globe Celefte ,
& dont la grandeur n'eft point dé-
terminée , lequel a fon centre dans
l'axe du Globe , & qui porte une aiguille dont la pointe fe termine au
Cercle. Ce Cercle eft divifé en deux
fois 12. heures , fuivant nôtre maniere de compter les heures.

DE L'USAGE DES CERCLES
du Globe Terreſtre.

L'Equateur ou la *Ligne* nous fait voir quels ſont tous les Peuples qui y ſont placés, leſquels ont pendant toute l'année les jours artificiels égaux aux nuits. Dans les deux tems des Equinoxes, le Soleil monte à midy au-deſſus de leur tête. Dans les autres tems de l'année, le Soleil y eſt à midy vers le Septentrion pendant ſix mois, & vers le Midy pendant les ſix autres mois.

L'Ecliptique qui eſt marquée ſur le Globe Terreſtre, & qui coupe en deux endroits l'Equateur, ſert à faire connoître quels ſont les Peuples qui ont le Soleil à midy à leur Zenith ou ſur leur tête chaque jour de l'année. Car ſi l'on place le Soleil ſur l'Ecliptique dans le degré où il eſt chaque jour, on verra la diſtance de ce lieu juſqu'à l'Equateur, & tous les Peuples qui feront à une pareille diſtance de l'Equateur auront tous le Soleil à leur Zenith ce jour-là ; car le Soleil parcourt chaque jour une ligne à peu près paralléle à l'Equateur par le mouvement du premier mobile, qui l'emporte autour de la Terre d'Orient en Occident.

On voit auſſi que le Soleil étant vers les Equinoxes, c'eſt-à-dire lorſqu'il eſt proche de l'Equateur, il s'écarte bien plus vîte de l'Equateur chaque jour, que lorſqu'il eſt vers les Solſtices, où ſont marqués les deux Tropiques ; car dans ces tems-là il demeure ſenſiblement pendant quelque tems à la même diſtance de l'Equateur.

DES ZONES.

CE ſont les deux Tropiques & les deux Cercles Polaires qui diviſent toute la ſurface de la Terre en cinq parties qu'on appelle *Zones* ou Bandes.

Bandes. Celle qui eft renfermée entre les deux Tropiques , & qui a dans
fon milieu le Cercle Equinoxial ou
l'Equateur , eft appellée la *Zone Tor-*
ride ou *Brûlante* , parce que les Anciens croyoient qu'il y faifoit une fi
grande chaleur , qu'il étoit impoffi-
ble d'y habiter , à caufe que le Soleil
paffoit à Midy deux fois l'année au-
deffus de la tête ou au Zenith de fes
habitans , & qu'il ne s'en écartoit que
peu d'un côté & d'autre dans les autres tems : mais on a connu par expe-
rience qu'elle n'eft pas moins peuplée
que celles où la chaleur eft moderée :
car fi le Soleil échauffe tres-fort la
Terre pendant le jour , la nuit y eft
en récompenfe affez froide & hu-
mide pour temperer cette chaleur ,
parce qu'on y eft alors dans le milieu
de l'ombre de la Terre. Il eft vrai
qu'on ne connoît point la glace dans
ce païs-là , & que la nége y eft fort
rare , fi ce n'eft fur quelques monta-

I

gnes fort élevées.

Il y a deux Zones de chaque côté de la Zone Torride , lesquelles sont renfermées entre les Tropiques & les Polaires , l'une vers le Septentrion , & l'autre vers le Midy. On les appelle les *Zones Temperées* , parce que le Soleil ne venant jamais jusqu'au Zenith ou sur la tête des habitans de ces Zones , même dans les plus grands jours d'Eté , la chaleur y doit être moins grande que dans la Zone Torride. Cependant ceux qui sont dans ces Zones Temperées , & proche des Tropiques , ressentent dans leur Eté des chaleurs bien plus grandes que dans le milieu de la Zone Torride , à cause que le Soleil demeure 13. heures & demie sur leur Horizon en Eté, & pendant plusieurs jours de suite.

Les Peuples qui habitent les Zones Temperées ne voyent jamais le Soleil à midy que d'un même côté , & ils ont un Eté & un Hiver qui est

marqué par le tems où le Soleil est
plus proche ou plus éloigné de leur
Zenith : ce qui est different des Peuples de la Zone Torride , qui ont
chaque année deux Etés & deux Hi-
vers ; car le Printems & l'Automne
des Zones Temperées deviennent les
deux Etés de la Zone Torride.

Les deux parties qui restent du
Globe , & qui sont renfermées par les
Cercles Polaires , ne sont pas pro-
prement des Zones , mais seulement
des figures circulaires , & qui ont les
Poles dans leur centre. On les appelle pourtant les *Zones froides* ou *gla-
cées* , parce qu'il fait ordinairement
tres-froid en ce païs-là.

Ceux qui habitent les Zones froides voyent en Eté le Soleil pendant
un ou plusieurs jours de suite sans
qu'il se couche , car il est encore élevé sur leur Horizon à minuit ; & ceux
qui sont sous le Pole le voyent pendant six mois qui tourne autour de

leur Horizon, en s'élevant peu-à-peu pendant trois mois jusqu'au Solstice où il est élevé sur leur Horizon de 23. à 24. degrés ; & pendant les six autres mois il passe sous l'Horizon sans se lever.

Il y a quelques années que le Roy de Suéde eut la curiosité de voir ce phénoméne du Soleil ; & pour cet effet, il alla à *Torneo* qui est une Ville de son Royaume vers le Nord , & fort proche du Cercle Polaire , où il observa au Solstice d'Eté que le Soleil étoit encore sur l'Horizon à minuit.

Ces Païs sembleroient inhabitables par rapport à la vie des hommes , qui demande un repos considerable pendant chaque jour ; ce qui convient aux jours & aux nuits des autres Païs , & la nuit étant naturellement le veritable tems du repos. Et la grande quantité des néges & des glaces qui couvrent la Terre pen-

dant plus de dix mois de l'année,
ſembleroit la rendre ſtérile, ſi la
Nature n'y avoit ſuffiſamment pour-
veu ; car les ſemences & la récol-
te des grains s'y fait en ſix ſemaines
environ que la Terre eſt dégelée &
deſſechée. Les bois y ſont en grande
quantité, & tres-propres pour la con-
ſtruction des Vaiſſeaux.

Enfin ce qui devroit faire des dé-
ſerts de ces Païs-là pendant l'Hiver,
où les Lacs & les Rivieres qui y ſont
en grande quantité, & même les
Mers ſont toutes gelées, les rend au
contraire fort frequentés par le grand
commerce qu'on y fait dans cette ſai-
ſon ; car les Peuples tranſportent
toutes leurs marchandiſes ſur des
traineaux qui gliſſent ſur la glace,
& qui ſont tirés par des eſpéces de
cerfs qu'on appelle Reines, qui cou-
rent d'une tres-grande vîteſſe, & qui
ne ſçauroient vivre hors de ce climat.
Il n'y auroit que l'incommodité d'u-

ne nuit de tres-longue durée qui pourroit les empêcher, car c'est dans ces tems-là qu'ils ne voyent point le Soleil, si la nature de l'air de ces Païs-là, qui est tres-different de celui-ci, ne faisoit durer le Crépuscule fort long-tems, lequel étant fortifié par la clarté de la Lune qui demeure alors presque toûjours sur leur Horizon, leur donne un jour assez grand pour tous les usages de la vie, même au plus fort de leur Hiver.

Cependant les Peuples qui vivent sous les Poles ne font point connus, & suivant toutes les apparences il y a peu de terres, & ceux qui les habitent se retirent dans des cavernes sous des montagnes de nége, où ils passent la plus grande partie de l'année : ils ne laissent pas pourtant de retirer de la terre pendant l'Eté assez de fruits pour leur nourriture ; mais il est impossible aux Vaisseaux d'y aller, car la Mer qui demeure glacée trop long-tems ne leur permet pas de faire ces voyages.

On a été assez proche du Pole Septentrional ; mais on n'a rien découvert de toutes les terres qui peuvent être dans la Zone froide du côté du Pole Méridional.

DES CLIMATS.

LEs Anciens divisoient la Terre par Climats. Ces Climats n'étoient que de petites Zones ou espaces de la Terre renfermés entre des Cercles paralléles à l'Equateur, dans lesquels les plus longs jours d'Eté augmentoient d'une demi-heure les uns au-dessus des autres ; comme le premier Climat étoit depuis l'Equateur jusqu'au Cercle paralléle à l'Equateur qui passe par l'Isle de Ceylan dans l'Asie, où les plus longs jours d'Eté sont de 12. heures & demie. Le second Climat finissoit au paralléle qui passe par les Isles du

Cap vert , où le plus long jour d'Eté
est de 13. heures ; & ainsi des autres,
où l'on trouve que Rome est à la fin
du sixiéme , dont le plus long jour
d'Eté est de 15. heures ; & Paris à la
fin du huitiéme , où le plus long jour
d'Eté est de 16. heures ; & la fin du
24ᵉ est sous le Cercle Polaire , où le
plus long jour d'Eté est de 24. heures.

On peut considerer de deux sortes
de Climats , dont les uns vont depuis l'Equateur vers le Pole Septentrional , & les autres vers le Pole Méridional.

DE LA LATITUDE.

L'UN des principaux usages des
Cercles paralléles à l'Equateur,
est de déterminer la Latitude des
lieux sur la Terre ; car on entend par
Latitude d'un lieu la distance de ce
lieu jusqu'à l'Equateur , laquelle se
mesure par dégrés. Ces dégrés se

comptent fur le Cercle Méridien ou horaire qui paſſe par le lieu en allant depuis l'Equateur vers le Pole : & par-conſequent il y a de deux ſortes de Latitude, l'une Septentrionale, & l'autre Méridionale. La Latitude d'un lieu eſt Septentrionale, quand ce lieu eſt dans la partie du Globe depuis l'Equateur vers le Pole Septentrional ; & elle eſt Méridionale de l'autre côté.

Tous les lieux de la Terre qui ſont ſur un même Cercle paralléle à l'Equateur, ont tous une même Latitude ; car ils ſont tous également éloignés de l'Equateur.

La Latitude d'un lieu eſt toûjours égale à la hauteur du Pole de ce lieu ſur l'Horizon ; par exemple, la hauteur du Pole de Paris à l'Obſervatoire Royal eſt de 48. dégrés 50. minutes ; & c'eſt auſſi ſa Latitude, comme on la marque ſur les Cartes.

On trouve la Latitude d'un lieu

par les observations du Soleil ou des
Etoiles, lorsqu'elles sont au plus haut
point où elles peuvent s'élever sur
l'Horizon de ce lieu. On appelle cette hauteur, la *hauteur méridienne* d'un
Astre, c'est-à-dire sa hauteur dans le
Méridien.

Les instrumens qui servent pour
ces observations sont les quarts de
Cercles, les Astrolabes, les Arbales-
triles ou le Bâton de Jacob, lesquels
sont tous connus des Astronomes &
des Pilotes ; car il y en a quelques-
uns qui sont plus propres pour la Mer
que pour la Terre. Les seules observations des hauteurs des Astres dans
le Méridien ne suffiroient pas, si l'Astronomie ne fournissoit des Tables
des lieux de ces Astres.

Par exemple, on trouve avec les
instrumens en quelque lieu sur Terre
ou sur Mer, que la hauteur du Soleil
à midy est de 60. dégrés 40. minutes :
mais on connoît par les Tables As-

tronomiques que le Soleil est alors
éloigné de l'Equateur de 10. degrés
20. minutes vers le Midy ; ce qu'on
appelle sa déclinaison méridionale :
si l'on ajoûte donc sa déclinaison méridionale à sa hauteur trouvée , on
aura la hauteur de l'Equateur dans
le lieu de l'observation , laquelle sera
dans cet exemple de 71. degrés : enfin si cette hauteur est ôtée de 90. degrés ou d'un quart de Cercle , il res-
tera 19. degrés pour la Latitude Septentrionale oupour la hauteur du Pole
dans des cas ; en sorte que ce lieu doit
être posé sur le Globe dans un Cercle
paralléle à l'Equateur , qui en soit
éloigné de 71. degrés.

Ce sera la même operation pour
connoître la Latitude par le moyen
des Etoiles fixes.

DE LA LONGITUDE.

LA seule connoissance de la Latitude d'un lieu sur la Terre ne

suffit pas pour en déterminer la position, il en faut encore une autre ; & c'est celle qu'on a appellée la Longitude.

La Longitude des lieux de la Terre est la distance qu'il y a depuis le premier Méridien jusqu'au Méridien ou Cercle horaire qui passe par chaque lieu. Cette distance se compte ou est mesurée par les degrés de l'Equateur, qui sont compris entre le premier Méridien & celui qui passe par le lieu, en allant de l'Occident vers l'Orient.

Par exemple, la Longitude de Constantinople est de 48. dégrés ; c'est-à-dire, que le Cercle Méridien qui passe par Constantinople est éloigné du premier Méridien de 48. dégrés mesurés sur l'Equateur, en allant depuis le premier Méridien vers l'Orient. Ainsi tous les lieux qui seront sous le même Méridien auront même Longitude.

On compte auſſi quelquefois la
Longitude par heures & par minutes d'heures ; mais ce n'eſt pour l'ordinaire que quand on la déduit immediatement des obſervations des
Eclipſes , comme nous avons dit en
expliquant l'uſage des Eclipſes par
rapport au Globe Celeſte.

Il y a donc cette difference entre
la Latitude & la Longitude , que la
Latitude d'un lieu ſe tire immediatement de l'obſervation qu'on fait
dans ce lieu-là ; mais que la Longitude ne ſe peut connoître que par
rapport à un autre lieu , dans lequel
on aura fait les mêmes obſervations
d'Eclipſes ; car c'eſt la méthode la
plus aſſeurée de toutes celles qu'on
connoiſſe pour déterminer les Longitudes.

Ce n'eſt que depuis que Sa Majeſté a envoyé des Aſtronomes par
toute la Terre , pour y obſerver de
concert avec ceux qui ſont reſtés à

l'Obſervatoire , que tous les Etran-
gers reconnoiſſent que ce Lieu eſt le
veritable ſiege de l'Aſtronomie. C'eſt
pourquoi on a commencé à compter
les differences de Longitude depuis
l'Obſervatoire par heures & par minutes , comme les obſervations les
donnent. On a reconnu par là que
preſque toutes les Cartes du Monde
étoient pleines d'erreurs tres-groſſie-
res. Enſorte que maintenant tous les
Peuples qui s'addonnent à la Navigation avouènt qu'ils ſont redevables
au Roy de la certitude de leurs voyages ; & ils corrigent toutes leurs Cartes ſur les obſervations faites par ordre de Sa Majeste'.

Par le moyen de la Longitude &
de la Latitude , on détermine la poſi-
tion d'un lieu ſur le Globe ou ſur la
Carte. Par exemple , on ſçait que la
Longitude de Conſtantinople eſt de
48. degrés ; on compte ſur l'Equateur 48. degrés depuis le premier Mé-

ridien en allant vers l'Orient ; & c'est
sur ce Méridien qui passe par le 48ᵉ
degré, que la Ville de Constantinople est située : & comme on sçait que
cette Ville est à 41. degrés de Latitude Septentrionale, on remonte sur
ce Méridien depuis l'Equateur vers
le Pole Septentrional, jusqu'au 41ᵉ
degré ; & ce doit être la Place de
Constantinople.

Les Cartes dont tous les lieux sont
posés par de bonnes observations,
c'est-à-dire par des Longitudes &
Latitudes tres-exactes, sont tres-utiles pour la Navigation ; car on est
fort souvent en danger de perir fau-
te de connoître exactement les lieux
dont on est proche ou éloigné, soit
pour éviter les dangers, ou pour pren-
dre le tems commode pour arriver à
terre.

DES CARTES GEOGRAPHIQUES.

LEs Cartes Geographiques representent la Terre sur une superfi-

cie plane. Il y a des Cartes qui representent tout le Globe en deux Hémispheres, qu'on appelle communément une *Mappemonde*. Dans cette Carte les Terres & les Mers y sont un peu differentes de figure de celles qui sont sur le Globe, parce qu'il n'est pas possible de representer exactement une superficie courbe sur une plane. Il y en a quelques-unes qui sont moins irrégulieres que les autres, quoi-qu'elles soient toutes faites sur des principes Geometriques.

Plus le Païs qu'on represente sur une Carte est de petite étenduë, plus la Carte en doit être juste; car la portion du Globe qu'on y represente ne differe pas sensiblement d'une surface plane dans un petit espace.

Dans toutes les Cartes on met ordinairement au haut le Septentrion, & au bas le Midy; & l'on marque aux bords de la Carte les degrés de Longitude qui sont au haut & au bas,

&

& aux deux côtés les degrés de Latitude. Les degrés de Latitude sont égaux dans toute la hauteur des deux côtés ; car ils repreſentent les degrés des Cercles méridiens , qui ſont tous égaux entr'eux ſur le Globe : mais les degrés de Longitude qui ſont plus proche des Poles , étant plus petits que ceux qui ſont vers l'Equateur , les degrés de la bordure du haut de la Carte ſont plus petits que ceux du bas , dans l'Hémiſphere Septentrional.

Si l'on veut ſçavoir la Longitude & la Latitude d'un lieu marqué ſur une Carte , il n'y aura qu'à tendre un fil qui paſſe par le lieu ſur la Carte , & qui rencontre les degrés correſpondans des deux montans de la bordure , & l'on aura la Latitude du lieu marquée ſur ces degrés. De même ſi l'on tend le fil de haut en bas qui paſſe par le lieu , & qui réponde aux mêmes diviſions du haut & du bas , on y trouvera la Longitude du lieu.

Lorsqu'on veut faire une Carte d'un Païs de tres-peu d'étenduë, on doit en placer tous les lieux principaux par des observations de triangles faits sur les lieux avec des bases mésurées exactement.

DES CARTES MARINES.

IL y a des Cartes qu'on appelle communément *Marines* ou *Hydrographiques*. Mais comme ces Cartes ne servent que pour les Pilotes & pour les voyages de Mer, on n'y marque ordinairement que les côtes avec beaucoup d'exactitude, tous les écueils, les bancs de sables, & autres dangers de la Mer. Il y en a aussi de particulieres, où l'on marque les sondes & les ancrages : ce qui est tres-utile aux Pilotes.

La construction de ces Cartes est un peu differente de celle des Cartes des Terres : car comme elles ne sont

faites que pour la commodité des
voyages de Mer, elles ont leurs degrés de Longitude & de Latitude
marqués d'une maniere qui convient
à la route des Vaiſſeaux, & à l'art de
de naviger.

DE LA DIVISION DU GLOBE
Terreſtre.

IL paroît en general qu'il y a plus
de Mer que de Terre ſur la ſuperficie du Globe, quoi-qu'on ne puiſſe
rien dire de ce qui eſt vers le Pole
Méridional, où l'on n'a rien découvert.

On diviſe ordinairement toutes
les Terres connuës en quatre Parties, à ſçavoir l'Europe, l'Aſie,
l'Afrique & l'Amerique ; ces Parties
ſont ſeparées les unes des autres par
des Mers & par des Rivieres.

L'Europe eſt la Partie qui nous eſt
la plus connuë, laquelle contient
pluſieurs Royaumes, avec quelques

Etats particuliers, qui ont chacun leur Prince. Il en est à peu près de même des autres Parties du Monde ; cependant il y a plusieurs endroits où les Peuples sont vagabons, & où ils n'ont point de Loix ni de Souverains.

On appelle les *Indes* une partie du milieu de l'Asie vers le Midy, à cause de l'*Inde* qui est un Fleuve considerable de ce Païs-là.

Le Roy d'Espagne possede la plus grande partie de l'Amerique ; les François, les Portugais, les Anglois & les Hollandois y ont plusieurs Colonies tres-peuplées ; mais celle des François est la plus considerable dans l'Amerique Septentrionale.

Il y a quantité de tres-grandes Isles, dont les plus remarquables sont l'Angleterre & l'Irlande à l'Occident de l'Europe. Madagascar ou S. Laurens est une tres-grande Isle vers la pointe méridionale de l'Afrique. Dans les parties Orientales de l'Asie, il y a un tres-grand nombre de grandes Iſles , qui ſont connuës ſous les noms du Jappon , des Philippines , des Moluques , & des Iſles de la Sonde.

Les Mers qu'on appelle d'un mot general l'*Ocean* , ont des noms particuliers proche des terres où elles ſont. Toute la partie de la Mer qui eſt depuis la ligne vers le Septentrion, & à l'Orient de l'Amerique , & à l'Occident de l'Europe , s'appelle la Mer du Nord. Celle qui eſt à l'Occident de l'Amerique ſe nomme la Mer du Sud ; & celle qui eſt au Midy de l'Aſie s'appelle la Mer des Indes.

Il y a encore quelques Mers particulieres qui ſont renfermées entre les terres , dont la plus conſiderable eſt la Mer *Mediterranée* entre l'Europe , l'Aſie & l'Afrique ; la Mer *Baltique* entre la Suede & la Pologne ; la Mer *Caſpienne* qui n'eſt qu'un grand Lac ſans aucune communication apparente avec l'Ocean ; dans l'Aſie , le

Sein Perſique entre la Perſe & l'Arabie ; la Mer-Rouge entre l'Afrique &
l'Arabie ; le Golfe ou la Baye de Hud-
ſon dans la partie Septentrionale de
l'Amerique , & pluſieurs autres.

DU MERIDIEN,
& de l'Horizon Terreſtre.

LE Méridien a ſon uſage particulier par rapport au mouvement
que tous les Aſtres font chaque jour
autour de la Terre , comme nous l'a-
vons déja marqué en expliquant le
Globe Céleſte ; mais il ſert auſſi à
ſoûtenir ce Globe par ſes Poles , &
à le placer de la même maniere que
la Terre eſt diſpoſée par rapport au
Ciel , en élevant les Poles au-deſſus
de l'Horizon du nombre de degrés
que le Pole céleſte eſt élevé dans le
lieu où l'on eſt : & de plus , il ſert à
l'orienter , c'eſt-à-dire à le tourner
exactement, comme la Terre eſt tournée au milieu de l'air où elle eſt ſuſ-

penduë , suivant le Septentrion & le Midy.

L'Horizon est aussi un des Cercles des plus utiles du Globe Terrestre ; & entre ses usages , il arrête le Méridien dans sa veritable position.

On distingue ordinairement l'Horizon en *Rationel & Sensible*. Le Rationel est celui qui est representé sur le Globe , & qui passe par le centre du Globe , & le coupe en deux également. Mais le Sensible est celui qui est paralléle au Rationel , & qui touche la superficie de la Terre dans le lieu pour lequel il est Horizon.

On voit donc de là que l'Horizon Sensible est éloigné de l'Horizon Rationel de la quantité du demi-diametre de la Terre ; ce qui est une distance insensible par rapport à celle qu'il y a de la Terre au Soleil , & encore moins sensible par rapport à celle qu'il y a de la Terre aux Etoiles fixes. Ainsi ces deux Horizons , quoi-qu'en effet fort éloignés l'un de l'autre sur la Terre, ne sont point differens l'un de l'autre dans les Astres. Aussi l'on découvre toûjours la moitié du Ciel de tous les endroits de la surface de la Terre.

On marque sur l'Horizon quatre points principaux, qui sont le *Septentrion*, le *Midy*, l'*Orient* & l'*Occident*. Le Septentrion & le Midy y sont déterminés par la rencontre du Méridien, & l'Orient & l'Occident par la rencontre de l'Equateur : ces quatre points sont éloignés l'un de l'autre d'un quart de Cercle.

C'est sur ce Cercle qu'on place les Vents, ausquels on a donné des noms particuliers, qui nous sont venus des anciens Pilotes de l'Ocean. Les noms de ces Vents se donnent aussi aux principaux points de l'Horizon ; le *Nord* est la même chose que le Septentrion ; le *Sud* est le Midy ; l'*Est* est le Levant ou l'Orient ;

&

& l'*Ouest* est le Couchant ou l'Occident.

On divise chacune de ces quatre parties en deux, & on leur donne un nom qui est composé des deux qui en sont proche ; comme entre le Nord & l'Est, on l'appelle le *Nord-Est* ; entre le Sud & l'Est, on l'appelle le *Sud-Est* ; & ainsi des autres. On divise encore chacune de ces huit parties en deux, & on leur donne un nom composé des deux les plus proche ; comme entre le Sud & le Sud-Est, on l'appelle le *Sud-Sud-Est* ; entre l'Est & le Sud-Est, on l'appelle l'*Est-Sud-Est* ; & ainsi des autres.

C'est encore sur les degrés de l'Horizon qu'on marque les Amplitudes des Astres. On appelle *Amplitude* la distance en degrés entre le vrai point du Levant & du Couchant, jusqu'à l'endroit où le Soleil ou quelqu'autre Astre se leve ou se couche. Il y a donc de deux sortes d'Amplitude, l'une vers le Septentrion , & l'autre vers le Midy. Ces Amplitudes servent beaucoup sur la Mer pour connoître la position du lieu où l'on est.

C'est enfin sur l'Horizon qu'on détermine la déclinaison de l'aiguille aimantée d'une Boussole , qu'on appelle en terme de Marine le *Compas*. L'une des pointes de l'aiguille d'une Boussole tend toûjours vers le Nord , & l'autre vers le Sud ; mais elle s'en écarte un peu quelquefois dans differens Païs , & differemment dans le même Païs en differens tems.

Nous avons veu à Paris en 1665. que l'aiguille aimantée marquoit le vrai Nord , & peu-à-peu les années suivantes elle s'en est écartée vers l'Ouest , & presque d'un mouvement égal ; en sorte qu'à present elle est éloignée du Nord vers l'Ouest de plus de 9. degrés. Avant l'année 1665. elle déclinoit vers l'Est.

DES REFRACTIONS.

J'AI déja dit que l'air qui environne la Terre, & qu'on appelle
l'*Atmoſphere*, étoit d'une nature plus
épaiſſe & plus denſe que l'air pur
qu'on appelle *Ether*. J'ai déterminé
la hauteur de l'Atmoſphere par des
obſervations aſſez exactes, de 10.
lieuës ou de 20000. toiſes. Mais nous
ſçavons que les rayons de tous les
corps lumineux qui paſſent obliquement au - travers de tous les corps
tranſparens de differente denſité, ſe
détournent en les rencontrant, & ne
viennent pas en ligne droite depuis
le corps lumineux juſqu'à nôtre œil,
comme on le peut voir par une infinité d'experiences ; & c'eſt ce qu'on
appelle *Refraction*. C'eſt pourquoy
les rayons du Soleil & des Aſtres qui
viennent de l'Ether, & qui paſſent
obliquement au-travers de l'Atmoſphere avant que de rencontrer nôtre

œil, sont détournés de la ligne droite : ce qui fait que nous appercevons
le Soleil quelque tems avant qu'il soit
sur l'Horizon , & qu'il nous paroît
encore tout entier lors qu'effectivement il est caché au-dessous.

C'est cette refraction des rayons
du Soleil , laquelle est tres-grande
dans les Païs qui sont proche des Poles , qui fait qu'on y voit le Soleil
plusieurs jours avant qu'il doive y paroître , comme quelques Relations
le confirment, & qu'il ne se couche
aussi que plusieurs jours après qu'il
est effectivement couché. Il semble
que la Nature ait donné cet avanta-
ge à ces Païs, pour diminuer la longueur des nuits qui sont en quelques
endroits de plusieurs mois.

L'usage du petit Cercle horaire
qui est attaché sur le Méridien du
Globe Terrestre , est à peu près le
même que celui du Globe Céleste.
On peut voir par son moyen de com-

bien d'heures le Soleil vient plûtôt ou
plûtard au Méridien dans des lieux
differens : car si l'on pose le lieu le
plus Occidental sous le Méridien , &
l'aiguille sur le point de 12. heures du
Cercle horaire ; lorsqu'on aura fait
tourner le Globe selon le mouvement
du premier Mobile, & que l'autre lieu
sera arrivé sous le Méridien , l'aiguille marquera sur le Cercle horaire le
nombre des heures que l'on cherche.

DE LA MESURE DE LA TERRE.

TOus les Astronomes qui ont été
protegés par de grands Prin-
ces , ont crû qu'ils ne pouvoient rien
entreprendre de plus utile & de plus
considerable , que de connoître exactement la grandeur de la Terre. Ils
sçavoient que cette operation dépen-
doit de deux choses ; l'une d'une mesure actuelle qu'il falloit faire sur la
surface de la Terre , & l'autre du rapport que cette mesure avoit avec les

Etoiles du Firmament. La mesure
sur la Terre étoit assez facile : mais
pour aller plus loin que les Anciens,
les observations du Ciel demandoient
des instrumens d'une plus grande justesse, que ceux qu'on avoit eus jusqu'à
l'Etablissement de l'Academie ; &
c'étoit ce qu'on n'osoit pas esperer.

Cependant les découvertes qui
furent faites dans l'Academie des
Sciences peu de tems après, tant des
Horloges à pendule, que des Pinnu-
les à Lunette, firent connoître aux
illustres Academiciens qui la com-
posoient, que sous la protection du
Roy ils étoient en état de pousser
cette entreprise plus loin qu'on n'a-
voit jamais fait, Sa Majeste'
leur ayant fait donner magnifique-
ment tout ce qui étoit nécessaire pour
la faire réüssir.

C'est aussi ce qu'ils exécuterent,
ayant pris pour cet effet toutes les
précautions nécessaires tant pour la

mesure de la base qui devoit leur servir, & qui étoit de 5663. toises, que pour les observations célestes. Ils mesurerent un degré & un peu plus aux environs de Paris en tirant vers le Septentrion, & ils déterminerent que la grandeur d'un degré sur la surface du Globe Terrestre étoit de 57060. toises mesure de Paris.

On a depuis continué la ligne Méridienne qui sert à cette mesure vers les extremités du Royaume, tant vers le Midy, que vers le Septentrion, afin d'avoir plusieurs degrés ; mais l'ouvrage n'est pas encore entierement achevé.

Sur la mesure de 57060. toises au degré, tout le tour du Globe ou la circonference d'un de ses grands Cercles sera de 20541600 toises, & le diametre de la Terre de 6538594. toises. Mais si l'on fait qu'il y ait 25. lieuës au degré, chacune de ces lieuës sera de 2282. toises, qui seront

des lieuës moyennes, & la circon-
férence de la Terre sera de 9000.
lieuës.

F I N.

www.ingramcontent.com/pod-product-compliance
Lightning Source LLC
LaVergne TN
LVHW021040050726
842519LV00003B/935